## 離婁

孟子曰離婁之明公輸子之巧不以規矩不能成方員師曠之聰不以六律不能正五音堯舜之道不以仁政不能平治天下今有仁心仁聞而民不被其澤不可法於後世者不行先王之道也故曰徒善不足以爲政徒法不能以自行詩云不愆不忘率由舊章遵先王之法而過者



未之有也聖人既竭目力焉繼之以規矩準繩以爲方員平直不可勝用也既竭耳力焉繼之以六律正五音不可勝用也既竭心思焉繼之以不忍人之政而仁覆天下矣故曰爲高必因丘陵爲下必因川澤爲政不因先王之道可謂智乎是以惟仁者宜在高位不仁而在高位是播其惡於衆也上無道揆也下無法守也朝不信道工不信度君子犯義小人犯刑國之所存

者幸也故曰城郭不完兵甲不多非國之災也田野不辟貨財不聚非國之害也上無禮下無學賊民興喪無日矣詩曰天之方蹶無然泄泄泄泄猶沓沓也事君無義進退無禮言則非先王之道者猶沓沓也故曰責難於君謂之恭陳善閉邪謂之敬吾君不能謂之賊

孟子曰規矩方員之至也聖人人倫之至也欲爲君盡君道欲爲臣盡臣道二者皆法堯舜而已矣不以舜之所以事堯事君不敬其君者也不以堯之所以治民治民賊其民者也孔子曰道二仁與不仁而已矣暴其民甚則身弑國亡不甚則身危國削名之曰幽厲雖孝子慈孫百世不能改也詩云殷鑒不遠在夏后之世此之謂也

孟子曰三代之得天下也以仁其失天下也以不仁國之所以廢興存亡者亦然天子不仁不

保四海諸侯不仁不保社稷卿大夫不仁不保宗廟士庶人不仁不保四體今惡死亡而樂不仁是猶惡醉而強酒

孟子曰愛人不親反其仁治人不治反其智禮人不答反其敬行有不得者皆反求諸己其身正而天下歸之詩云永言配命自求多福

孟子曰人有恒言皆曰天下國家天下之本在國國之本在家家之本在身



孟子曰爲政不難不得罪於巨室巨室之所慕一國慕之一國之所慕天下慕之故沛然德教溢乎四海

孟子曰天下有道小德役大德小賢役大賢天下無道小役大弱役強斯二者天也順天者存逆天者亡齊景公曰既不能令又不受命是絶物也涕出而女於吳今也小國師大國而恥受命焉是猶弟子而恥受命於先師也如恥之莫

若師文王師文王大國五年小國七年必爲政
於天下矣詩云商之孫子其麗不億上帝既命
侯于周服侯服于周天命靡常殷士膚敏祼將
于京孔子曰仁不可爲衆也夫國君好仁天下
無敵今也欲無敵於天下而不以仁是猶執熱
而不以濯也詩云誰能執熱逝不以濯
孟子曰不仁者可與言哉安其危而利其菑樂
其所以亡者不仁而可與言則何亡國敗家之



有有孺子歌曰滄浪之水清兮可以濯我纓滄
浪之水濁兮可以濯我足孔子曰小子聽之清
斯濯纓濁斯濯足矣自取之也夫人必自侮然
後人侮之家必自毀而後人毀之國必自伐而
後人伐之太甲曰天作孽猶可違自作孽不可
活此之謂也
孟子曰桀紂之失天下也失其民也失其民者
失其心也得天下有道得其民斯得天下矣得

其民有道得其心斯得民矣得其心有道所欲與之聚之所惡勿施爾也民之歸仁也猶水之就下獸之走壙也故爲淵敺魚者獺也爲叢敺爵者鸇也爲湯武敺民者桀與紂也今天下之君有好仁者則諸侯皆爲之敺矣雖欲無王不可得已今之欲王者猶七年之病求三年之艾也苟爲不畜終身不得苟不志於仁終身憂辱以陷於死亡詩云其何能淑載胥及溺此之謂也



孟子曰自暴者不可與有言也自棄者不可與有爲也言非禮義謂之自暴也吾身不能居仁由義謂之自棄也仁人之安宅也義人之正路也曠安宅而弗居舍正路而弗由哀哉

孟子曰道在爾而求諸遠事在易而求諸難人人親其親長其長而天下平

孟子曰居下位而不獲於上民不可得而治矣

獲於上有道不信於友弗獲於上矣信於友有道事親弗悅弗信於友矣悅親有道反身不誠不悅於親矣誠身有道不明乎善不誠乎身矣是故誠者天之道也思誠者人之道也至誠而不動者未之有也不誠未有能動者也

孟子曰伯夷辟紂居北海之濱聞文王作興曰盍歸乎來吾聞西伯善養老者太公辟紂居東海之濱聞文王作興曰盍歸乎來吾聞西伯善



養老者二老者天下之大老也而歸之是天下之父歸之也天下之父歸之其子焉往諸侯有行文王之政者七年之內必爲政於天下矣

孟子曰求也爲季氏宰無能改於其德而賦粟倍他日孔子曰求非我徒也小子鳴鼓而攻之可也由此觀之君不行仁政而富之皆棄於孔子者也況於爲之強戰爭地以戰殺人盈野爭城以戰殺人盈城此所謂率土地而食人肉罪

前言禮與權此言道與手

不容於死故善戰者服上刑連諸侯者次之辟
草萊任土地者次之
孟子曰存乎人者莫良於眸子眸子不能掩其
惡胷中正則眸子瞭焉胷中不正則眸子眊焉
聽其言也觀其眸子人焉廋哉
孟子曰恭者不侮人儉者不奪人侮奪人之君
惟恐不順焉惡得爲恭儉恭儉豈可以聲音笑
貌爲哉



淳于髡曰男女授受不親禮與孟子曰禮也曰
嫂溺則援之以手乎曰嫂溺不援是豺狼也男
女授受不親禮也嫂溺援之以手者權也曰今
天下溺矣夫子之不援何也曰天下溺援之以
道嫂溺援之以手子欲手援天下乎
公孫丑曰君子之不教子何也孟子曰勢不行
也教者必以正以正不行繼之以怒繼之以怒
則反夷矣夫子教我以正夫子未出於正也則

是父子相夷也父子相夷則惡矣古者易子而
教之父子之間不責善責善則離離則不祥莫
大焉

孟子曰事孰為大事親為大守孰為大守身為
大不失其身而能事其親者吾聞之矣失其身
而能事其親者吾未之聞也孰不為事事親事
之本也孰不為守守身守之本也曾子養曾皙
必有酒肉將徹必請所與問有餘必曰有曾皙



死曾元養曾子必有酒肉將徹不請所與問有
餘曰亡矣將以復進也此所謂養口體者也若
曾子則可謂養志也事親若曾子者可也

孟子曰人不足與適也政不足間也惟大人為
能格君心之非君仁莫不仁君義莫不義君正
莫不正一正君而國定矣

孟子曰有不虞之譽有求全之毀

孟子曰人之易其言也無責耳矣

一段緊二段三段急中緩四段激烈又放一句結

孟子曰人之患在好爲人師

樂正子從於子敖之齊樂正子見孟子孟子曰子亦來見我乎曰先生何爲出此言也曰子來幾日矣曰昔者曰昔者則我出此言也不亦宜乎曰舍館未定曰子聞之也舍館定然後求見長者乎曰克有罪

孟子謂樂正子曰子之從於子敖來徒餔啜也我不意子學古之道而以餔啜也



孟子曰不孝有三無後爲大舜不告而娶爲無後也君子以爲猶告也

四句整後二句卻飜作一段其中五句聯屬

孟子曰仁之實事親是也義之實從兄是也智之實知斯二者弗去是也禮之實節文斯二者是也樂之實樂斯二者樂則生矣生則惡可已也惡可已則不知足之蹈之手之舞之

孟子曰天下大悅而將歸己視天下悅而歸己猶草芥也惟舜爲然不得乎親不可以爲人不

順乎親不可以爲子舜盡事親之道而瞽瞍厎豫瞽瞍厎豫而天下化瞽瞍厎豫而天下之爲父子者定此之謂大孝（又提）（又以一句結）

孟子曰舜生於諸馮遷於負夏卒於鳴條東夷之人也文王生於岐周卒於畢郢西夷之人也（四句開承）地之相去也千有餘里世之相後也千有餘歲（二句直總）得志行乎中國若合符節（二句平結）先聖後聖其揆一也



子產聽鄭國之政以其乘輿濟人於溱洧孟子曰惠而不知爲政（從頭說起）歲十一月徒杠成十二月輿梁成民未病涉也君子平其政行辟人可也焉得人人而濟之故爲政者每人而悅之日亦不足矣

孟子告齊宣王曰（句以開合）君之視臣如手足則臣視君如腹心君之視臣如犬馬則臣視君如國人君之視臣如土芥則臣視君如寇讎王曰（入一轉）禮爲舊

君有服何如斯可爲服矣曰諫行言聽膏澤下於民有故而去則君使人導之出疆又先於其所往去三年不反然後收其田里此之謂三有禮焉如此則爲之服矣今也爲臣諫則不行言則不聽膏澤不下於民有故而去則君搏執之又極之於其所往去之日遂收其田里此之謂寇讐寇讐何服之有

就寇讐字结簡峻

孟子曰無罪而殺士則大夫可以去無罪而戮民則士可以徙





孟子曰君仁莫不仁君義莫不義

孟子曰非禮之禮非義之義大人弗爲

孟子曰中也養不中才也養不才故人樂有賢父兄也如中也棄不中才也棄不才則賢不肖之相去其間不能以寸

孟子曰人有不爲也而後可以有爲

孟子曰言人之不善當如後患何

孟子曰仲尼不為已甚者

孟子曰大人者言不必信行不必果惟義所在

孟子曰大人者不失其赤子之心者也

孟子曰養生者不足以當大事惟送死可以當大事

孟子曰君子深造之以道欲其自得之也自得之則居之安居之安則資之深資之深則取之左右逢其原故君子欲其自得之也



孟子曰博學而詳說之將以反說約也

孟子曰以善服人者未有能服人者也以善養人然後能服天下天下不心服而王者未之有也

孟子曰言無實不祥不祥之實蔽賢者當之

徐子曰仲尼亟稱於水曰水哉水哉何取於水也孟子曰原泉混混不舍晝夜盈科而後進放乎四海有本者如是是之取爾苟為無本七八

月之間雨集溝澮皆盈其涸也可立而待也故
聲聞過情君子恥之

孟子曰人之所以異於禽獸者幾希庶民去之
君子存之舜明於庶物察於人倫由仁義行非
行仁義也

孟子曰禹惡旨酒而好善言湯執中立賢無方
文王視民如傷望道而未之見武王不泄邇不
忘遠周公思兼三王以施四事其有不合者仰



而思之夜以繼日幸而得之坐以待旦

孟子曰王者之迹熄而詩亡詩亡然後春秋作
晉之乘楚之檮杌魯之春秋一也其事則齊桓
晉文其文則史孔子曰其義則丘竊取之矣

孟子曰君子之澤五世而斬小人之澤五世而
斬予未得為孔子徒也予私淑諸人也

孟子曰可以取可以無取取傷廉可以與可以
無與與傷惠可以死可以無死死傷勇

惡人齊戒沐浴則可以祀上帝

孟子曰天下之言性也則故而已矣故者以利爲本所惡於智者爲其鑿也如智者若禹之行水也則無惡於智矣禹之行水也行其所無事也如智者亦行其所無事則智亦大矣天之高也星辰之遠也苟求其故千歲之日至可坐而致也

公行子有子之喪右師往弔入門有進而與右師言者有就右師之位而與右師言者孟子不



與右師言右師不悅曰諸君子皆與驩言孟子獨不與驩言是簡驩也孟子聞之曰禮朝廷不歷位而相與言不踰階而相揖也我欲行禮子敖以我爲簡不亦異乎

孟子曰君子所以異於人者以其存心也君子以仁存心以禮存心仁者愛人有禮者敬人愛人者人恒愛之敬人者人恒敬之有人於此其待我以横逆則君子必自反也我必不仁也必

只用是以句表出禹稷心事顏子已瞭然更不必說

無禮也此物奚宜至哉其自反而仁矣自反而有禮矣其橫逆由是也君子必自反也我必不忠自反而忠矣其橫逆由是也君子曰此亦妄人也已矣如此則與禽獸奚擇哉於禽獸又何難焉是故君子有終身之憂無一朝之患也乃若所憂則有之舜人也我亦人也舜爲法於天下可傳於後世我由未免爲鄉人也是則可憂也憂之如何如舜而已矣若夫君子所患則亡

又分憂患作二段

略收就放下





矣非仁無爲也非禮無行也如有一朝之患則君子不患矣

禹稷當平世三過其門而不入孔子賢之顏子當亂世居於陋巷一簞食一瓢飲人不堪其憂顏子不改其樂孔子賢之孟子曰禹稷顏回同道禹思天下有溺者由己溺之也稷思天下有饑者由己饑之也是以如是其急也禹稷顏子易地則皆然今有同室之人鬭者救之雖被髮

兩段終上文未盡之意引喻含蓄

纓冠而救之可也鄉鄰有鬬者被髮纓冠而往救之則惑也雖閉戶可也

公都子曰匡章通國皆稱不孝焉夫子與之遊又從而禮貌之敢問何也孟子曰世俗所謂不孝者五惰其四支不顧父母之養一不孝也博弈好飲酒不顧父母之養二不孝也好貨財私妻子不顧父母之養三不孝也從耳目之欲以爲父母戮四不孝也好勇鬬很以危父母五不



孝也章子有一於是乎（一句承住）夫章子子父責善而不相遇也（明其所以失處）責善朋友之道也父子責善賊恩之大者夫章子豈不欲有夫妻子母之屬哉（又憐其不得已處）爲得罪於父不得近出妻屏子終身不養焉其設心以爲不若是是則罪之大者是則章子已矣

曾子居武城有越寇或曰寇至盍去諸曰無寓人於我室毀傷其薪木寇退則曰修我牆屋我將反寇退曾子反左右曰待先生如此其忠且

四語疊見只隔六字竟不覺冗複是甚運筆妙處

三字前意俱在却不覺略

敬也寇至則先去以為民望寇退則反殆於不可沈猶行曰是非汝所知也昔沈猶有負芻之禍從先生者七十人未有與焉子思居於衞有齊寇或曰寇至盍去諸子思曰如伋去君誰與守孟子曰曾子子思同道曾子師也父兄也子思臣也微也曾子子思易地則皆然

變文

儲子曰王使人瞯夫子果有以異於人乎孟子曰何以異於人哉堯舜與人同耳



齊人有一妻一妾而處室者其良人出則必饜酒肉而後反其妻問所與飲食者則盡富貴也其妻告其妾曰良人出則必饜酒肉而後反問其與飲食者盡富貴也而未嘗有顯者來吾將瞯良人之所之也蚤起施從良人之所之徧國中無與立談者卒之東郭墦間之祭者乞其餘不足又顧而之他此其為饜足之道也其妻歸告其妾曰良人者所仰望而終身也今若此與

（轉作斷語 簡潔韓柳諸傳多如此）

其妾訕其良人而相泣於中庭而良人未之知（後應）
也施施從外來驕其妻妾由君子觀之則人之
所以求富貴利達者其妻妾不羞也而不相泣
者幾希矣

萬章

萬章問曰舜往于田號泣于旻天何爲其號泣
也孟子曰怨慕也萬章曰父母愛之喜而不忘（重轉）
父母惡之勞而不怨然則舜怨乎曰長息問於（引語答）



公明高曰舜往于田則吾既得聞命矣號泣于
旻天于父母則吾不知也公明高曰是非爾所
知也夫公明高以孝子之心爲不若是恝我竭（又斷兩引從容不迫不緩）
力耕田共爲子職而已矣父母之不我愛於我
何哉帝使其子九男二女百官牛羊倉廩備以
事舜於畎畝之中天下之士多就之者帝將胥
天下而遷之焉爲不順於父母如窮人無所歸
天下之士悅之人之所欲也而不足以解憂好（又洗出）

又復重疊愈不厭如眺層巒但見蒼翠轉到常情方映得大孝精神出来復折歸方見收拾

色人之所欲妻帝之二女而不足以解憂富人之所欲富有天下而不足以解憂貴人之所欲貴爲天子而不足以解憂人悅之好色富貴無足以解憂者惟順於父母可以解憂人少則慕父母知好色則慕少艾有妻子則慕妻子仕則慕君不得於君則熱中大孝終身慕父母五十而慕者予於大舜見之矣

萬章問曰詩云娶妻如之何必告父母信斯言



也宜莫如舜舜之不告而娶何也孟子曰告則不得娶男女居室人之大倫也如告則廢人之大倫以懟父母是以不告也萬章曰舜之不告而娶則吾既得聞命矣帝之妻舜而不告何也曰帝亦知告焉則不得妻也萬章曰父母使舜完廩捐階瞽瞍焚廩使浚井出從而揜之象曰謨蓋都君咸我績牛羊父母倉廩父母干戈朕琴朕弤朕二嫂使治朕棲象在入舜宮舜在牀

又生下折問意而引事喻襯上文

問事而呂答意輕放過去

就此二句又生一折

琴象曰鬱陶思君爾忸怩舜曰惟茲臣庶汝其于予治不識舜不知象之將殺己與曰奚而不知也象憂亦憂象喜亦喜曰然則舜僞喜者與曰否昔者有饋生魚於鄭子產子產使校人畜之池校人烹之反命曰始舍之圉圉焉少則洋洋焉攸然而逝子產曰得其所哉得其所哉校人出曰孰謂子產智予既烹而食之曰得其所哉得其所哉故君子可欺以其方難罔以非其

承得不緩



道彼以愛兄之道來故誠信而喜之奚僞焉

萬章問曰象日以殺舜爲事立爲天子則放之何也孟子曰封之也或曰放焉萬章曰舜流共工于幽州放驩兜于崇山殺三苗于三危殛鯀于羽山四罪而天下咸服誅不仁也象至不仁封之有庳有庳之人奚罪焉仁人固如是乎在他人則誅之在弟則封之曰仁人之於弟也不藏怒焉不宿怨焉親愛之而已矣親之欲其貴

承上生下之語

長而不滯

一轉

二轉

非王土率土之濱莫非王臣而舜既爲天子矣
敢問瞽瞍之非臣如何曰是詩也非是之謂也
勞於王事而不得養父母也曰此莫非王事我
釋經以決疑
獨賢勞也故說詩者不以文害辭不以辭害志
以意逆志是爲得之如以辭而已矣雲漢之詩
舉證
曰周餘黎民靡有孑遺信斯言也是周無遺民
也孝子之至莫大乎尊親尊親之至莫大乎以
方答本意
天下養爲天子父尊之至也以天下養養之至



也詩曰永言孝思孝思維則此之謂也書曰祗
卻引詩以明之
載見瞽瞍夔夔齊栗瞽瞍亦允若是爲父不得
再引書證
而子也

萬章曰堯以天下與舜有諸孟子曰否天子不
能以天下與人然則舜有天下也孰與之曰天
再轉
與之天與之者諄諄然命之乎曰否天不言以
三轉
問皆隨答
行與事示之而已矣曰以行與事示之者如之
四轉
何曰天子能薦人於天不能使天與之天下諸

侯能薦人於天子不能使天子與之諸侯大夫
能薦人於諸侯不能使諸侯與之大夫昔者堯
薦舜於天而天受之暴之於民而民受之故曰
天不言以行與事示之而已矣曰敢問薦之於
天而天受之暴之於民而民受之如何曰使之
主祭而百神享之是天受之使之主事而事治
百姓安之是民受之也天與之人與之故曰天
子不能以天下與人舜相堯二十有八載非人




之所能為也天也堯崩三年之喪畢舜避堯之
子於南河之南天下諸侯朝覲者不之堯之子
而之舜訟獄者不之堯之子而之舜謳歌者不
謳歌堯之子而謳歌舜故曰天也夫然後之中
國踐天子位焉而居堯之宮逼堯之子是篡也
非天與也太誓曰天視自我民視天聽自我民
聽此之謂也
萬章問曰人有言至於禹而德衰不傳於賢而

傳於子有諸孟子曰否不然也天與賢則與賢天與子則與子昔者舜薦禹於天十有七年舜崩三年之喪畢禹避舜之子於陽城天下之民從之若堯崩之後不從堯之子而從舜也禹薦益於天七年禹崩三年之喪畢益避禹之子於箕山之陰朝覲訟獄者不之益而之啟曰吾君之子也謳歌者不謳歌益而謳歌啟曰吾君之子也丹朱之不肖舜之子亦不肖舜之相堯禹

就君之子又開說



之相舜也歷年多施澤於民久啟賢能敬承繼禹之道益之相禹也歷年少施澤於民未久舜禹益相去久遠其子之賢不肖皆天也非人之所能爲也莫之爲而爲者天也莫之致而至者命也匹夫而有天下者德必若舜禹而又有天子薦之者故仲尼不有天下繼世以有天下天之所廢必若桀紂者也故益伊尹周公不有天下伊尹相湯以王於天下湯崩太丁未立外丙

明言天不與益

明言天不廢啟

二年仲壬四年太甲顛覆湯之典刑伊尹放之於桐三年太甲悔過自怨自艾於桐處仁遷義三年以聽伊尹之訓已也復歸于亳周公之不有天下猶益之於夏伊尹之於殷也孔子曰唐虞禪夏后殷周繼其義一也

萬章問曰人有言伊尹以割烹要湯有諸孟子曰否不然伊尹耕於有莘之野而樂堯舜之道焉非其義也非其道也祿之以天下弗顧也繫



馬千駟弗視也非其義也非其道也一介不以與人一介不以取諸人湯使人以幣聘之囂囂然曰我何以湯之聘幣為哉我豈若處畎畝之中由是以樂堯舜之道哉湯三使往聘之既而幡然改曰與我處畎畝之中由是以樂堯舜之道吾豈若使是君為堯舜之君哉吾豈若使是民為堯舜之民哉吾豈若於吾身親見之哉天之生此民也使先知覺後知使先覺覺後覺也

予天民之先覺者也予將以斯道覺斯民也非
予覺之而誰也（又轉）思天下之民匹夫匹婦有不被
堯舜之澤者若已推而內之溝中其自任以天
下之重如此（一句轉結湯使人幣聘）故就湯而說之以伐夏救民吾未
聞枉己而正人者也况辱己以正天下者乎聖
（又一轉）人之行不同也或遠或近或去或不去歸潔其
身而已矣吾聞其以堯舜之道要湯未聞以割
烹也伊訓曰天誅造攻自牧宮朕載自亳



萬章問曰或謂孔子於衛主癰疽於齊主侍人
瘠環有諸乎孟子曰否不然也好事者爲之也
（引證）於衛主顏讐由彌子之妻與子路之妻兄弟也
彌子謂子路曰孔子主我衛卿可得也子路以
告孔子曰有命孔子進以禮退以義得之不得
曰有命而主癰疽與侍人瘠環是無義無命也（一折繳命字）
（再引證）孔子不悅於魯衛遭宋桓司馬將要而殺之微
服而過宋是時孔子當阨主司城貞子爲陳侯

縈紆委曲仍折到本問語結

憑虛立論

周臣吾聞觀近臣以其所為主觀遠臣以其所（對承）
主若孔子主癰疽與侍人瘠環何以為孔子（再折）
萬章問曰或曰百里奚自鬻於秦養牲者五羊
之皮食牛以要秦穆公信乎孟子曰否不然好
事者為之也百里奚虞人也晉人以垂棘之璧
與屈產之乘假道於虞以伐虢宮之奇諫百里
奚不諫知虞公之不可諫而去之秦年已七十
矣曾不知以食牛干秦穆公之為汙也可謂智（一句一轉）



乎不可諫而不諫可謂不智乎知虞公之將亡
而先去之不可謂不智也時舉於秦知穆公之
可與有行也而相之可謂不智乎相秦而顯其
君於天下可傳於後世不賢而能之乎自鬻以（先提賢字）
成其君鄉黨自好者不為而謂賢者為之乎
孟子曰伯夷目不視惡色耳不聽惡聲非其君
不事非其民不使治則進亂則退橫政之所出
橫民之所止不忍居也思與鄉人處如以朝衣

朝冠坐於塗炭也當紂之時居北海之濵以待
天下之清也故聞伯夷之風者頑夫廉懦夫有
立志伊尹曰何事非君何使非民治亦進亂亦
進曰天之生斯民也使先知覺後知使先覺覺
後覺予天民之先覺者也予將以此道覺此民
也思天下之民匹夫匹婦有不與被堯舜之澤
者若已推而內之溝中其自任以天下之重也
柳下惠不羞汙君不辭小官進不隱賢必以其



道遺佚而不怨阨窮而不憫與鄉人處由由然
不忍去也爾爲爾我爲我雖袒裼裸裎於我側
爾焉能浼我哉故聞柳下惠之風者鄙夫寬薄
夫敦孔子之去齊接淅而行去魯曰遲遲吾行
也去父母國之道也可以速而速可以久而久
可以處而處可以仕而仕孔子也孟子曰伯夷
聖之清者也伊尹聖之任者也柳下惠聖之和
者也孔子聖之時者也孔子之謂集大成集大

成也者金聲而玉振之也金聲也者始條理也
玉振之也者終條理也始條理者智之事也終
條理者聖之事也智譬則巧也聖譬則力也由
射於百步之外也其至爾力也其中非爾力也

引譬喻入正意

北宮錡問曰周室班爵祿也如之何孟子曰其
詳不可得聞也諸侯惡其害己也而皆去其籍
然而軻也嘗聞其畧也天子一位公一位侯一
位伯一位子男同一位凡五等也君一位卿一



位大夫一位上士一位中士一位下士一位凡
六等天子之制地方千里公侯皆方百里伯七
十里子男五十里凡四等不能五十里不達於
天子附於諸侯曰附庸天子之卿受地視侯大
夫受地視伯元士受地視子男大國地方百里
君十卿祿卿祿四大夫大夫倍上士上士倍中
士中士倍下士下士與庶人在官者同祿祿足
以代其耕也次國地方七十里君十卿祿卿祿

之君爲然也雖大國之君亦有之晉平公之於
亥唐也入云則入坐云則坐食云則食雖疏食
菜羹未嘗不飽蓋不敢不飽也然終於此而已
矣弗與共天位也弗與治天職也弗與食天祿
也士之尊賢者也非王公之尊賢也舜尚見帝
帝館甥于貳室亦饗舜迭爲賓主是天子而友
匹夫也用下敬上謂之貴貴用上敬下謂之尊
賢貴貴尊賢其義一也



萬章問曰敢問交際何心也孟子曰恭也曰卻
之卻之爲不恭何哉曰尊者賜之曰其所取之
者義乎不義乎而後受之以是爲不恭故弗卻
也曰請無以辭卻之以心卻之曰其取諸民之
不義也而以他辭無受不可乎曰其交也以道
其接也以禮斯孔子受之矣萬章曰今有禦人
於國門之外者其交也以道其餽也以禮斯可
受禦與曰不可康誥曰殺越人於貨閔不畏死

凡民罔不譈是不待教而誅者也殷受夏周受殷所不辭也於今爲烈如之何其受之曰今之諸侯取之於民也猶禦也苟善其禮際矣斯君子受之敢問何說也曰子以爲有王者作將比今之諸侯而誅之乎其教之不改而後誅之乎夫謂非其有而取之者盜也充類至義之盡也孔子之仕於魯也魯人獵較孔子亦獵較獵較猶可而況受其賜乎曰然則孔子之仕也非事

五析

輕快

又就孔子生一句



道與曰事道也事道奚獵較也曰孔子先簿正祭器不以四方之食供簿正曰奚不去也曰爲之兆也兆足以行矣而不行而後去是以未嘗有所終三年淹也孔子有見行可之仕有際可之仕有公養之仕於季桓子見行可之仕也於衛靈公際可之仕也於衛孝公公養之仕也

整齊平正結

孟子曰仕非爲貧也而有時乎爲貧娶妻非爲養也而有時乎爲養爲貧者辭尊居卑辭富居

粘爲貧字徼下

終篇看其及覆徽昂之勢

又粘辭尊居卑二句綴作一問下字而有次第

文字六及覆

貧辭尊居卑辭富居貧惡乎宜乎抱關擊柝孔子嘗爲委吏矣曰會計當而已矣嘗爲乘田矣曰牛羊茁壯長而已矣位卑而言高罪也立乎人之本朝而道不行恥也

萬章曰士之不託諸侯何也孟子曰不敢也諸侯失國而後託於諸侯禮也士之託於諸侯非禮也萬章曰君餽之粟則受之乎曰受之受之何義也曰君之於氓也固周之曰周之則受賜



之則不受何也曰不敢也曰敢問其不敢何也曰抱關擊柝者皆有常職以食於上無常職而賜於上者以爲不恭也曰君餽之則受之不識可常繼乎曰繆公之於子思也亟問亟餽鼎肉子思不悅於卒也摽使者出諸大門之外北面稽首再拜而不受曰今而後知君之犬馬畜伋蓋自是臺無餽也悅賢不能舉又不能養也可謂悅賢乎曰敢問國君欲養君子如何斯可謂

文勢激昂就答語折一句詰與然則治天下獨可耕且爲與句法同

養矣曰以君命將之（證）再拜稽首而受其後廩人繼粟庖人繼肉不以君命將之子思以爲鼎肉使己僕僕爾亟拜也非養君子之道也（舉事以證）堯之於舜也使其子九男事之二女女焉百官牛羊倉廩備以養舜於畎畝之中後舉而加諸上位故曰王公之尊賢也（結渻斬截）

萬章曰敢問不見諸侯何義也孟子曰在國曰（一折）市井之臣在野曰草莽之臣皆謂庶人庶人不





傳質爲臣不敢見於諸侯禮也萬章曰庶人召之役則往役君欲見之召之則不往見之何也曰往役義也往見不義也且君之欲見之也何爲也哉曰爲其多聞也爲其賢也曰爲其多聞也則天子不召師而況諸侯乎爲其賢也則吾未聞欲見賢而召之也（本色證尤明）繆公亟見於子思曰古千乘之國以友士何如子思不悅曰古之人有言曰事之云乎豈曰友之云乎子思之不悅也

一句進一句
至此卻折下
用一語結

友天下之善士以友天下之善士爲未足又尚
論古之人頌其詩讀其書不知其人可乎是以
論其世也是尚友也
齊宣王問卿孟子曰王何卿之問也王曰卿不
同乎曰不同有貴戚之卿有異姓之卿王曰請
問貴戚之卿曰君有大過則諫反覆之而不聽
則易位王勃然變乎色曰王勿異也王問臣臣
不敢不以正對王色定然後請問異姓之卿曰

忽 險





君有過則諫反覆之而不聽則去

告子

告子曰性猶杞柳也義猶桮棬也以人性爲仁
義猶以杞柳爲桮棬孟子曰子能順杞柳之性
而以爲桮棬乎將戕賊杞柳而後以爲桮棬也
如將戕賊杞柳而以爲桮棬則亦將戕賊人以
爲仁義與率天下之人而禍仁義者必子之言
夫

二句開
二句合
擒 縱 抑 揚
結得斬截

人之長與且謂長者義乎長之者義乎曰吾弟則愛之秦人之弟則不愛也是以我爲悅者也故謂之內長楚人之長亦長吾之長是以長爲悅者也故謂之外也（再見內外字）曰耆秦人之炙無以異於耆吾炙夫物則亦有然者也然則耆炙亦有外與

孟季子問公都子曰何以謂義內也曰行吾敬故謂之內也鄉人長於伯兄一歲則誰敬曰敬兄酌則誰先曰先酌鄉人（又覆折難）所敬在此所長在彼果在外非由內也公都子不能答以告孟子孟子曰敬叔父乎敬弟乎（再起）彼將曰敬叔父曰弟爲尸則誰敬彼將曰敬弟子曰惡在其敬叔父也彼將曰在位故也子亦曰在位故也庸敬在兄斯須之敬在鄉人（婉轉開合）季子聞之曰敬叔父則敬敬弟則敬（難）果在外非由內也公都子曰冬日則飲湯夏日則飲水然則飲食亦在外也（又引前語證）（又結一句與耆炙同）

公都子曰告子曰性無善無不善也或曰性可以爲善可以爲不善是故文武興則民好善幽厲興則民好暴或曰有性善有性不善是故以堯爲君而有象以瞽瞍爲父而有舜以紂爲兄之子且以爲君而有微子啓王子比干今曰性善然則彼皆非與孟子曰乃若其情則可以爲善矣乃所謂善也若夫爲不善非才之罪也惻隱之心人皆有之羞惡之心人皆有之恭敬之



心人皆有之是非之心人皆有之惻隱之心仁也羞惡之心義也恭敬之心禮也是非之心智也仁義禮智非由外鑠我也我固有之也弗思耳矣故曰求則得之舍則失之或相倍蓰而無筭者不能盡其才者也詩曰天生蒸民有物有則民之秉夷好是懿德孔子曰爲此詩者其知道乎故有物必有則民之秉夷也故好是懿德

孟子曰富歲子弟多賴凶歲子弟多暴非天之

以非殊字變作同字又以同變似字一轉精神爍然

降才爾殊也其所以陷溺其心者然也今夫麰（諸）
麥播種而耰之其地同樹之時（生下文同字根起）又同浡然而生
至於日至之時皆熟矣雖（又轉）有不同則地有肥磽
雨露之養人事之不齊也故凡同類者舉相似
也何獨（徑接）至於人而疑之聖人與我同類者故（轉）龍
子曰不知足而爲屨我知其不爲蕢也屨之相
似天下之足同也口之於味有同耆也易牙先
得我口之所耆者也如使口之於味也其性與



自起轉爲麰麥又轉爲口耳凡七節及覆以喻及正意如駿馬下峻坂高屋建瓴水勢不可遏只至於心獨無所同然乎一句斡轉筆力萬鈞

人殊若犬馬之與我不同類也則天下何耆皆
從易牙之於味也至於味天下期於易牙是天
下之口相似也惟耳亦然至於聲天下期於師
曠是天下之耳相似也惟目亦然至於子都天
下莫不知其姣也不知子都之姣者無目者也
故曰口之於味也有同（又用同字總作一收）耆焉耳之於聲也有同
聽焉目之於色也有同美焉至（方入本意）於心獨無所同
然乎心之所同然者何也謂理也義也聖（應聖人同類）人先

不答之答意含蓄意却在前亦是一结

孟子曰無或乎王之不智也雖有天下易生之物也一日暴之十日寒之未有能生者也吾見亦罕矣吾退而寒之者至矣吾如有萌焉何哉今夫弈之爲數小數也不專心致志則不得也弈秋通國之善弈者也使弈秋誨二人弈其一人專心致志惟弈秋之爲聽一人雖聽之一心以爲有鴻鵠將至思援弓繳而射之雖與之俱學弗若之矣爲是其智弗若與曰非然也





孟子曰魚我所欲也熊掌亦我所欲也二者不可得兼舍魚而取熊掌者也生亦我所欲也義亦我所欲也二者不可得兼舍生而取義者也生亦我所欲所欲有甚於生者故不爲苟得也死亦我所惡所惡有甚於死者故患有所不辟也如使人之所欲莫甚於生則凡可以得生者何不用也使人之所惡莫甚於死者則凡可以辟患者何不爲也由是則生而有不用也由是

則可以辟患而有不爲也是故所欲有甚於生者所惡有甚於死者非獨賢者有是心也人皆有之賢者能勿喪耳一簞食一豆羹得之則生弗得則死嘑爾而與之行道之人弗受蹴爾而與之乞人不屑也萬鍾則不辨禮義而受之萬鍾於我何加焉爲宮室之美妻妾之奉所識窮乏者得我與鄉爲身死而不受今爲宮室之美爲之鄉爲身死而不受今爲妻妾之奉爲之鄉爲身死而不受今爲所識窮乏者得我而爲之是亦不可以已乎此之謂失其本心

孟子曰仁人心也義人路也舍其路而弗由放其心而不知求哀哉人有雞犬放則知求之有放心而不知求學問之道無他求其放心而已矣

孟子曰今有無名之指屈而不信非疾痛害事也如有能信之者則不遠秦楚之路爲指之不

若人也指不若人則知惡之心不若人則不知（粘上一句意形疾）
惡此之謂不知類也（詰得斬截）

孟子曰拱把之桐梓人苟欲生之皆知所以養
之者至於身而不知所以養之者豈愛身不若（勢與前同）
桐梓哉弗思甚也

孟子曰人之於身也兼所愛兼所愛則兼所養
也無尺寸之膚不愛焉則無尺寸之膚不養也
所以考其善不善者豈有他哉於己取之而已




矣體有貴賤有小大無以小害大無以賤害貴（添出貴賤大小爲養與不善字）
養其小者爲小人養其大者爲大人今有場師（又解上文）（兩段引）
舍其梧檟養其樲棘則爲賤場師焉養其一指（喻又以賤證前）
而失其肩背而不知也則爲狼疾人也飲食之（兩段意一抑一揚結）
人則人賤之矣爲其養小以失大也飲食之人
無有失也則口腹豈適爲尺寸之膚哉

公都子問曰鈞是人也或爲大人或爲小人何（先折）
也孟子曰從其大體爲大人從其小體爲小人

曰鈞是人也或從其大體或從其小體何也曰（再折）
耳目之官不思而蔽於物物交物則引之而已（又）
矣心之官則思思則得之不思則不得也此天（正）
之所與我者先立乎其大者則其小者弗能奪
也此爲大人而已矣（呂用大人結）

孟子曰有天爵者有人爵者仁義忠信樂善不（兩段分）
倦此天爵也公卿大夫此人爵也古之人脩其（一段總）（正）
天爵而人爵從之今之人脩其天爵以要人爵（又）



旣得人爵而棄其天爵則惑之甚者也終亦必
亡而已矣

孟子曰欲貴者人之同心也人人有貴於己者
弗思耳人之所貴者非良貴也趙孟之所貴趙
孟能賤之詩云旣醉以酒旣飽以德言飽乎仁（又一轉而正）
義也所以不願人之膏粱之味也令聞廣譽施
於身所以不願人之文繡也

孟子曰仁之勝不仁也猶水勝火今之爲仁者（提一句）

猶以一杯水救一車薪之火也不熄則謂之水不勝火此又與於不仁之甚者也亦終必亡而已矣

孟子曰五穀者種之美者也苟爲不熟不如荑稗夫仁亦在乎熟之而已矣

孟子曰羿之教人射必志於彀學者亦必志於彀大匠誨人必以規矩學者亦必以規矩

任人有問屋廬子曰禮與食孰重曰禮重色與




禮孰重曰禮重曰以禮食則饑而死不以禮食則得食必以禮乎親迎則不得妻不親迎則得妻必親迎乎屋廬子不能對明日之鄒以告孟子孟子曰於答是也何有不揣其本而齊其末方寸之木可使高於岑樓金重於羽者豈謂一鉤金與一輿羽之謂哉取食之重者與禮之輕者而比之奚翅食重取色之重者與禮之輕者而比之奚翅色重往應之曰紾兄之臂而奪之

食則得食不紾則不得食則將紾之乎踰東家牆而摟其處子則得妻不摟則不得妻則將摟之乎

曹交問曰人皆可以爲堯舜有諸孟子曰然交聞文王十尺湯九尺今交九尺四寸以長食粟而已如何則可曰奚有於是亦爲之而已矣有人於此力不能勝一匹雛則爲無力人矣今曰舉百鈞則爲有力人矣然則舉烏獲之任是亦爲烏獲而已矣夫人豈以不勝爲患哉弗爲耳徐行後長者謂之弟疾行先長者謂之不弟夫徐行者豈人所不能哉所不爲也堯舜之道孝弟而已矣子服堯之服誦堯之言行堯之行是堯而已矣子服桀之服誦桀之言行桀之行是桀而已矣曰交得見於鄒君可以假館願留而受業於門曰夫道若大路然豈難知哉人病不求耳子歸而求之有餘師

公孫丑問曰高子曰小弁小人之詩也孟子曰何以言之曰怨曰固哉高叟之為詩也有人於此越人關弓而射之則已談笑而道之無他疏之也其兄關弓而射之則已垂涕泣而道之無他戚之也小弁之怨親親也親親仁也固矣夫高叟之為詩也曰凱風何以不怨曰凱風親之過小者也小弁親之過大者也親之過大而不怨是愈疏也親之過小而怨是不可磯也愈疏不孝也不可磯亦不孝也孔子曰舜其至孝矣五十而慕

宋牼將之楚孟子遇於石丘曰先生將何之曰吾聞秦楚構兵我將見楚王說而罷之楚王不悅我將見秦王說而罷之二王我將有所遇焉曰軻也請無問其詳願聞其指說之將何如曰我將言其不利也曰先生之志則大矣先生之號則不可先生以利說秦楚之王秦楚之王悅

於利以罷三軍之師是三軍之士樂罷而悅於利也爲人臣者懷利以事其君爲人子者懷利以事其父爲人弟者懷利以事其兄是君臣父子兄弟終去仁義懷利以相接然而不亡者未之有也先生以仁義說秦楚之王秦楚之王悅於仁義而罷三軍之師是三軍之士樂罷而悅於仁義也爲人臣者懷仁義以事其君爲人子者懷仁義以事其父爲人弟者懷仁義以事其



兄是君臣父子兄弟去利懷仁義以相接也然而不王者未之有也何必曰利

孟子居鄒季任爲任處守以幣交受之而不報處於平陸儲子爲相以幣交受之而不報他日由鄒之任見季子由平陸之齊不見儲子屋廬子喜曰連得間矣問曰夫子之任見季子之齊不見儲子爲其爲相與曰非也書曰享多儀儀不及物曰不享惟不役志于享爲其不成享也

屋廬子悅或問之屋廬子曰季子不得之鄒儲子得之平陸

淳于髡曰先名實者爲人也後名實者自爲也夫子在三卿之中名實未加於上下而去之仁者固如此乎孟子曰居下位不以賢事不肖者伯夷也五就湯五就桀者伊尹也不惡汙君不辭小官者柳下惠也三子者不同道其趨一也一者何也曰仁也君子亦仁而已矣何必同曰



魯繆公之時公儀子爲政子柳子思爲臣魯之削也滋甚若是乎賢者之無益於國也曰虞不用百里奚而亡秦繆公用之而霸不用賢則亡削何可得與曰昔者王豹處於淇而河西善謳緜駒處於高唐而齊右善歌華周杞梁之妻善哭其夫而變國俗有諸內必形諸外爲其事而無其功者髡未嘗覩之也是故無賢者也有則髡必識之曰孔子爲魯司寇不用從而祭燔肉

三段整齊莊重錯綜古語氣勢甚稱



不至不稅冕而行不知者以爲爲肉也其知者以爲爲無禮也乃孔子則欲以微罪行不欲爲苟去君子之所爲衆人固不識也

總下三段　藐視一世

孟子曰五霸者三王之罪人也今之諸侯五霸之罪人也今之大夫今之諸侯之罪人也天子適諸侯曰巡狩諸侯朝於天子曰述職春省耕而補不足秋省斂而助不給入其疆土地辟田野治養老尊賢俊傑在位則有慶慶以地入其疆土地荒蕪遺老失賢掊克在位則有讓一不朝則貶其爵再不朝則削其地三不朝則六師移之是故天子討而不伐諸侯伐而不討五霸者摟諸侯以伐諸侯者也故曰五霸者三王之罪人也五霸桓公爲盛葵丘之會諸侯束牲載書而不歃血初命曰誅不孝無易樹子無以妾爲妻再命曰尊賢育才以彰有德三命曰敬老慈幼無忘賓旅四命曰士無世官官事無攝取

士必得無專殺大夫五命曰無曲防無遏糴無有封而不告曰凡我同盟之人既盟之後言歸于好今之諸侯皆犯此五禁故曰今之諸侯五霸之罪人也長君之惡其罪小逢君之惡其罪大今之大夫皆逢君之惡故曰今之大夫今之諸侯之罪人也

魯欲使慎子爲將軍孟子曰不教民而用之謂之殃民殃民者不容於堯舜之世一戰勝齊遂



有南陽然且不可慎子勃然不悅曰此則滑釐所不識也曰吾明告子天子之地方千里不千里不足以待諸侯諸侯之地方百里不百里不足以守宗廟之典籍周公之封於魯爲方百里也地非不足而儉於百里太公之封於齊也亦爲方百里也地非不足也而儉於百里今魯方百里者五子以爲有王者作則魯在所損乎在所益乎徒取諸彼以與此然且仁者不爲況於

殺人以求之乎君子之事君也〔開示一路〕務引其君以當〔總前三段結〕
道志於仁而已

孟子曰今之事君者曰我能爲君辟土地充府庫今之所謂良臣古之所謂民賊也君不鄉道不志於仁而求富之是富桀也我能爲君約與國戰必克今之所謂良臣古之所謂民賊也君不鄉道不志於仁而求爲之強戰是輔桀也由今之道無變今之俗雖與之天下不能一朝居也



白圭曰吾欲二十而取一何如孟子曰子之道貉道也〔截上生下〕萬室之國一人陶則可乎曰不可器不足用也曰夫貉〔詳說〕五穀不生惟黍生之無城郭宮室宗廟祭祀之禮無諸侯幣帛饔飧無百官有司故二十取一而足也〔應〕今居中國去人倫無君子如之何其可也陶以寡且不可以爲國況無君子乎欲〔對說〕輕之於堯舜之道者大貉小貉也欲

看下字處

去三迎之致敬以有禮言將行其言也則就之禮貌未衰言弗行也則去之其次雖未行其言也迎之致敬以有禮則就之禮貌衰則去之其下朝不食夕不食饑餓不能出門戶君聞之曰吾大者不能行其道又不能從其言也使饑餓於我土地吾恥之周之亦可受也免死而已矣

孟子曰舜發於畎畝之中傅說舉於版築之間膠鬲舉於魚鹽之中管夷吾舉於士孫叔敖舉



於海百里奚舉於市故天將降大任於是人也必先苦其心志勞其筋骨餓其體膚空乏其身行拂亂其所爲所以動心忍性曾益其所不能（三段承）人恒過然後能改困於心衡於慮而後作徵於色發於聲而後喻（又進一步）入則無法家拂士出則無敵國外患者國恒亡然後知（就結）生於憂患而死於安樂也

孟子曰教亦多術矣予不屑之教誨也者是亦

教誨之而已矣

盡心

孟子曰盡其心者知其性也知其性則知天矣存其心養其性所以事天也殀壽不貳脩身以俟之所以立命也

孟子曰莫非命也順受其正是故知命者不立乎巖牆之下盡其道而死者正命也桎梏死者非正命也




孟子曰求則得之舍則失之是求有益於得也求在我者也求之有道得之有命是求無益於得也求在外者也

孟子曰萬物皆備於我矣反身而誠樂莫大焉強恕而行求仁莫近焉

孟子曰行之而不著焉習矣而不察焉終身由之而不知其道者衆也

孟子曰人不可以無恥無恥之恥無恥矣

孟子曰恥之於人大矣為機變之巧者無所用恥焉不恥不若人何若人有

孟子曰古之賢王好善而忘勢古之賢士何獨不然樂其道而忘人之勢故王公不致敬盡禮則不得亟見之見且由不得亟而況得而臣之乎

轉得好

結語昂藏

孟子謂宋句踐曰子好遊乎吾語子遊人知之亦囂囂人不知亦囂囂曰何如斯可以囂囂



矣曰尊德樂義則可以囂囂矣故士窮不失義達不離道窮不失義故士得己焉達不離道故民不失望焉古之人得志澤加於民不得志脩身見於世窮則獨善其身達則兼善天下

字句　接上生下　又提起窮達字

孟子曰待文王而後興者凡民也若夫豪傑之士雖無文王猶興

孟子曰附之以韓魏之家如其自視欿然則過人遠矣

孟子曰以佚道使民雖勞不怨以生道殺民雖死不怨殺者

孟子曰霸者之民驩虞如也王者之民皡皡如也殺之而不怨利之而不庸民日遷善而不知爲之者夫君子所過者化所存者神上下與天地同流豈曰小補之哉

孟子曰仁言不如仁聲之入人深也善政不如善教之得民也善政民畏之善教民愛之善政得民財善教得民心

孟子曰人之所不學而能者其良能也所不慮而知者其良知也孩提之童無不知愛其親也及其長也無不知敬其兄也親親仁也敬長義也無他達之天下也

孟子曰舜之居深山之中與木石居與鹿豕遊其所以異於深山之野人者幾希及其聞一善言見一善行若決江河沛然莫之能禦也

孟子曰無爲其所不爲無欲其所不欲如此而已矣

孟子曰人之有德慧術知者恒存乎疢疾獨孤臣孽子其操心也危其慮患也深故達

孟子曰有事君人者事是君則爲容悅者也有安社稷臣者以安社稷爲悅者也有天民者達可行於天下而後行之者也有大人者正己而物正者也



孟子曰君子有三樂而王天下不與存焉父母俱存兄弟無故一樂也仰不愧於天俯不怍於人二樂也得天下英才而教育之三樂也君子有三樂而王天下不與存焉

孟子曰廣土衆民君子欲之所樂不存焉中天下而立定四海之民君子樂之所性不存焉君子所性雖大行不加焉雖窮居不損焉分定故也君子所性仁義禮智根於心其生色也睟然

見於面盎於背施於四體四體不言而喻

孟子曰伯夷辟紂居北海之濱聞文王作興曰盍歸乎來吾聞西伯善養老者太公辟紂居東海之濱聞文王作興曰盍歸乎來吾聞西伯善養老者天下有善養老則仁人以爲己歸矣五畝之宅樹牆下以桑匹婦蠶之則老者足以衣帛矣五母雞二母彘無失其時老者足以無失肉矣百畝之田匹夫耕之八口之家足以無饑



矣所謂西伯善養老者制其田里教之樹畜導其妻子使養其老五十非帛不煖七十非肉不飽不煖不飽謂之凍餒文王之民無凍餒之老者此之謂也

孟子曰易其田疇薄其稅斂民可使富也食之以時用之以禮財不可勝用也民非水火不生活昏暮叩人之門戶求水火無弗與者至足矣聖人治天下使有菽粟如水火菽粟如水火而

民焉有不仁者乎

孟子曰孔子登東山而小魯登泰山而小天下故觀於海者難爲水遊於聖人之門者難爲言觀水有術必觀其瀾日月有明容光必照焉流水之爲物也不盈科不行君子之志於道也不成章不達

孟子曰雞鳴而起孳孳爲善者舜之徒也雞鳴而起孳孳爲利者蹠之徒也欲知舜與蹠之分無他利與善之間也

承上二段



孟子曰楊子取爲我拔一毛而利天下不爲也墨子兼愛摩頂放踵利天下爲之子莫執中執中爲近之執中無權猶執一也所惡執一者爲其賊道也舉一而廢百也

孟子曰饑者甘食渴者甘飲是未得飲食之正也饑渴害之也豈惟口腹有饑渴之害人心亦皆有害人能無以饑渴之害爲心害則不及人

此志字斷明白皎潔

不爲憂矣

孟子曰柳下惠不以三公易其介

孟子曰有爲者辟若掘井掘井九軔而不及泉猶爲棄井也

孟子曰堯舜性之也湯武身之也五霸假之也久假而不歸惡知其非有也

公孫丑曰伊尹曰予不狎於不順放太甲於桐民太悅太甲賢又反之民大悅賢者之爲人臣



也其君不賢則固可放與孟子曰有伊尹之志則可無伊尹之志則篡也

公孫丑曰詩曰不素餐兮君子之不耕而食何也孟子曰君子居是國也其君用之則安富尊榮其子弟從之則孝弟忠信不素餐兮孰大於是

王子墊問曰士何事孟子曰尚志曰何謂尚志曰仁義而已矣（一句起）殺一無罪非仁也（二段詳說）非其有而取之非義也居惡在仁是也路惡在義是也居仁（二句結）

由義大人之事備矣

孟子曰仲子不義與之齊國而弗受人皆信之是舍簞食豆羹之義也人莫大焉亡親戚君臣上下以其小者信其大者奚可哉

桃應問曰舜爲天子皐陶爲士瞽瞍殺人則如之何孟子曰執之而已矣然則舜不禁與曰夫舜惡得而禁之夫有所受之也然則舜如之何曰舜視棄天下猶棄敝蹝也竊負而逃遵海濱




而處終身訢然樂而忘天下

孟子自范之齊望見齊王之子喟然嘆曰居移指養移體大哉居乎夫非盡人之子與孟子曰王子宮室車馬衣服多與人同而王子若彼者其居使之然也況居天下之廣居者乎魯君之宋呼於垤澤之門守者曰此非吾君也何其聲之似我君也此無他居相似也

孟子曰食而弗愛豕交之也愛而不敬獸畜之

也恭敬者幣之未將者也恭敬而無實君子不可虛拘

孟子曰形色天性也惟聖人然後可以踐形

齊宣王欲短喪公孫丑曰爲朞之喪猶愈於已乎孟子曰是猶或紾其兄之臂子謂之姑徐徐云爾亦教之孝弟而已矣王子有其母死者其傅爲之請數月之喪公孫丑曰若此者何如也曰是欲終之而不可得也雖加一日愈於已謂





夫莫之禁而弗爲者也

孟子曰君子之所以教者五有如時雨化之者有成德者有達財者有答問者有私淑艾者此五者君子之所以教也

公孫丑曰道則高矣美矣宜若登天然似不可及也何不使彼爲可幾及而日孳孳也孟子曰大匠不爲拙工改廢繩墨羿不爲拙射變其彀率君子引而不發躍如也中道而立能者從之

孟子曰天下有道以道殉身天下無道以身殉道未聞以道殉乎人者也

公都子曰滕更之在門也若在所禮而不答何也孟子曰挾貴而問挾賢而問挾長而問挾有勳勞而問挾故而問皆所不答也滕更有二焉

孟子曰於不可已而已者無所不已於所厚者薄無所不薄也其進銳者其退速

孟子曰君子（一反）之於物也愛之而弗仁於民也仁之而弗親親親（一正）而仁民仁民而愛物



孟子曰知者（對語）無不知也當務之爲急仁者無不愛也急親賢之爲務堯舜（引證）之知而不徧物急先務也堯舜之仁不徧愛人急親賢也不能三年（二句喻及說）之喪而緦小功之察放飯流歠而問無齒決是之謂（一句結）不知務

孟子曰不仁哉梁惠王也仁者以其所愛及其所不愛不仁者以其所不愛及其所愛公孫丑

天子也被袗衣鼓琴二女果若固有之

孟子曰吾今而後知殺人親之重也殺人之父人亦殺其父殺人之兄人亦殺其兄然則非自殺之也一間耳

孟子曰古之爲關也將以禦暴今之爲關也將以爲暴

孟子曰身不行道不行於妻子使人不以道不能行於妻子




孟子曰周于利者凶年不能殺周于德者邪世不能亂

孟子曰好名之人能讓千乘之國苟非其人簞食豆羹見於色

孟子曰不信仁賢則國空虛無禮義則上下亂無政事則財用不足

孟子曰不仁而得國者有之矣不仁而得天下未之有也

文字低昂

孟子曰民爲貴社稷次之君爲輕是故得乎丘民而爲天子得乎天子爲諸侯得乎諸侯爲大夫諸侯危社稷則變置犧牲既成粢盛既潔祭祀以時然而旱乾水溢則變置社稷

孟子曰聖人百世之師也伯夷柳下惠是也故聞伯夷之風者頑夫廉懦夫有立志聞柳下惠之風者薄夫敦鄙夫寬奮乎百世之上百世之下聞者莫不興起也非聖人而能若是乎而況於親炙之者乎

結一句在總前





孟子曰仁也者人也合而言之道也

孟子曰孔子之去魯曰遲遲吾行也去父母國之道也去齊接淅而行去他國之道也

孟子曰君子之戹於陳蔡之間無上下之交也

貉稽曰稽大不理於口孟子曰無傷也士憎茲多口詩云憂心悄悄慍于羣小孔子也肆不殄厥慍亦不殞厥問文王也

孟子曰賢者以其昭昭使人昭昭今以其昏昏使人昭昭

孟子謂高子曰山徑之蹊間介然用之而成路爲間不用則茅塞之矣今茅塞子之心矣

高子曰禹之聲尚文王之聲孟子曰何以言之曰以追蠡曰是奚足哉城門之軌兩馬之力與

齊饑陳臻曰國人皆以夫子將復爲發棠殆不



可復孟子曰是爲馮婦也晉人有馮婦者善搏虎卒爲善士則之野有衆逐虎虎負嵎莫之敢攖望見馮婦趨而迎之馮婦攘臂下車衆皆悅之其爲士者笑之

孟子曰口之於味也目之於色也耳之於聲也鼻之於臭也四肢之於安佚也性也有命焉君子不謂性也仁之於父子也義之於君臣也禮之於賓主也智之於賢者也聖人之於天道也

命也有性焉君子不謂命也

浩生不害問曰樂正子何人也孟子曰善人也信人也何謂善何謂信曰可欲之謂善有諸巳之謂信充實之謂美充實而有光輝之謂大大而化之之謂聖聖而不可知之之謂神樂正子二之中四之下也

孟子曰逃墨必歸於楊逃楊必歸於儒歸斯受之而巳矣今之與楊墨辯者如追放豚旣入其



苙又從而招之

孟子曰有布縷之征粟米之征力役之征君子用其一緩其二用其二而民有殍用其三而父子離

孟子曰諸侯之寶三土地人民政事寶珠玉者殃必及身

盆成括仕於齊孟子曰死矣盆成括盆成括見殺門人問曰夫子何以知其將見殺曰其爲人